上海市地方标准化指导性技术文件

上海市雨水管道截流井技术规程

Technical specification for intercepting well of rainwater pipeline of Shanghai

DB31 SW/Z 008—2021

主编单位：上海市排水管理事务中心
上海市城市建设设计研究总院(集团)有限公司
批准部门：上海市水务局
施行日期：2021 年 2 月 1 日

同济大学出版社

2021 上海

图书在版编目(CIP)数据

上海市雨水管道截流井技术规程/上海市排水管理事务中心，上海市城市建设设计研究总院(集团)有限公司主编. —上海：同济大学出版社，2021.5

ISBN 978-7-5608-9743-1

Ⅰ. ①上… Ⅱ. ①上… ②上… Ⅲ. ①市政工程-排水管道-技术规范-上海 Ⅳ. ①TU992.23-65

中国版本图书馆 CIP 数据核字(2021)第 075866 号

上海市雨水管道截流井技术规程

上海市排水管理事务中心
上海市城市建设设计研究总院(集团)有限公司 **主编**

责任编辑 朱 勇
责任校对 徐春莲
封面设计 陈益平

出版发行 同济大学出版社 www.tongjipress.com.cn
(地址:上海市四平路 1239 号 邮编：200092 电话:021-65985622)

经 销 全国各地新华书店
印 刷 常熟市大宏印刷有限公司
开 本 889mm×1194mm 1/32
印 张 2
字 数 54 000
版 次 2021 年 5 月第 1 版 2021 年10月第 2 次印刷
书 号 ISBN 978-7-5608-9743-1
定 价 30.00 元

上海市水务局文件

沪水务〔2021〕73号

上海市水务局关于印发《上海市雨水管道截流井技术规程》的通知

各有关单位：

经2021年1月20日局长办公会议审议通过，《上海市雨水管道截流井技术规程》批准为上海市地方标准化指导性技术文件，统一编号为DB31 SW/Z 008-2021，自发布之日起施行。

特此通知。

上海市水务局

2021年2月1日

（此件主动公开）

抄送：上海市市场监督管理局

上海市水务局办公室　　2021年2月1日印发

前　言

根据《上海市排水与污水处理条例》和《上海市城镇雨水排水规划(2020—2035年)》，本市排水体制以分流制为主、合流制为辅，其中新建地区采用分流制；建成区维持现有排水体制，并对分流制地区持续推进雨污混接改造，对已建合流制采用截流调蓄处理等措施进行完善。在雨污混接改造工作推进过程中，发现部分老旧小区、城中村、城乡结合部等地区，暂时不具备雨水、污水彻底分流改造条件。为了减少混接污水对水环境的影响，在下游污水收集与处理系统具有接纳混接污水能力时，采取过渡性措施，在雨水出户管处或雨水排水口处设置雨水管道混接污水截流井(简称雨水管道截流井或截流井)，将雨水管道内的混接污水截流至污水管道，纳入污水系统处理后排放。在该区域雨水、污水分流改造工作未完成之前，雨水管道截流井应保留。

为规范全市范围内雨水管道截流井的技术要求，根据上海市水务局《关于印发〈二〇二〇年度水务标准制修订计划〉的通知》的要求，上海市排水管理事务中心会同上海市城市建设设计研究总院(集团)有限公司及有关单位，经广泛调查研究，认真总结上海市的实践经验，参考国内有关标准，并在广泛征求意见的基础上，制定本规程。

本规程主要内容包括：总则；术语；设计；施工与安装；调试与验收；运行管理。

本规程由上海市排水管理事务中心负责管理，由上海市城市建设设计研究总院(集团)有限公司负责解释。各单位及相关人员在执行本规程过程中，如有意见或建议，请将相关资料反馈至解释单位(地址：上海市东方路3447号；邮编：200125；E-mail：sucdriszy@sucdri.com)，以供修订时参考。

主编单位： 上海市排水管理事务中心
上海市城市建设设计研究总院(集团)有限公司

参编单位： 上海市排水行业协会
上海城市雨洪管理工程技术研究中心
上海万朗水务科技集团有限公司
上海同瀛环境科技有限公司
舒朋士环境科技(常州)股份有限公司
泰州晟禾水处理设备制造有限公司
上海惠允智能设备有限公司
上海新三星给排水设备有限公司
上海城市排水系统工程技术研究中心

主要起草人： 赵国志　庄敏捷　唐建国　马德荣　葛惠华
李建勇　郁片红　牟晋铭　朱砂砾　崔　昱
吴绍珍　邹丽敏　张　惠　郭　坤　樊雪莲
唐　东　李新兵　王金辉　王建斌　陈　亮
沙定定　覃大伟　席旭军　刘雪岭　王　雷
田　明　乐　伟　戴文平　周兴泰　徐晓峰
唐　海　王颖周　陈海潮　刘晓远　王　纪

主要审查人： 张建频　鞠春芳　谭学军　朱霞雁　丁　敏

目　次

Contents

1 总 则

1.0.1 为规范雨水管道混接污水截流井的技术要求，做到安全适用、运行有效、经济合理和管理方便，制定本规程。

1.0.2 本规程适用于雨水管道混接污水截流井的设计、施工与安装、调试与验收、运行管理。

1.0.3 雨水管道混接污水截流井的设置，应结合排水系统现状与规划、近期与远期建设计划，并依据混接调查情况、下游污水接纳能力、排放水体水位等因素，经技术经济比较论证综合确定。

1.0.4 雨水管道混接污水截流井的设计、施工与安装、调试与验收、运行管理除应执行本规程的规定外，尚应符合国家及上海市现行有关标准的规定。

2 术　语

2.0.1 分流制　separate system

用不同管渠系统分别收集、输送污水和雨水的排水方式。

2.0.2 雨污混接　illicit discharges

在分流制排水系统中，污废水排入雨水管道或雨水排入污水管道的现象。

2.0.3 分流制截流管　interceptor sewer of separate system

在分流制排水系统中，旨在将混接在雨水管道中的污废水截流至污水管道而建设的管道。

2.0.4 雨水管道截流井　intercepting well of rainwater pipeline

雨水管道混接污水截流井的简称，指在分流制排水系统中，用于将混接进入雨水管道的污水截流至污水管道的过渡性设施，一般由井筒、进水管、排放管、截流管及配套的水泵、闸门、仪表等组成。根据应用地点，分为排水户截流井和排水口截流井；根据与雨水管道的布置关系，分为串联形式截流井和并联形式截流井；根据是否采用水泵提升，分为重力式截流井和提升式截流井。

2.0.5 一体化预制截流井　integrated intelligent intercepting facilities

在工厂内将井筒、水泵、管道和监测系统等部件集成为一体，并在出厂前进行预装和测试后，运至现场安装的截流井；一般具有污水截流、污水提升、雨水排放、防止倒灌、水质监测、雨量监测等多种功能，并可实现就地和远程智能控制。

2.0.6 提篮式格栅　basket screen

配备篮筐、导杆和提升链，采用耦合装置安装在进水管出口的格栅。

2.0.7 雨水排水口 rain outfall

分流制排水系统中，位于江、河、湖、海等地表水体岸边，向地表水体排放雨水的排水设施。

2.0.8 雨天 wet weather days

降雨强度达到一定程度后产生地表径流，对排水系统输送处理量产生影响的时间段。污水片区内至少有 1 座代表性雨量站记录的降雨量达到或超过 1 mm 的当日及之后两日可计为雨天。

2.0.9 旱天 dry weather days

除雨天之外的时间段。

3 设 计

3.1 一般规定

3.1.1 雨水管道截流井应具有下列功能：

1 应具有下列基本功能：

1）旱天污水截流和雨天雨水排放；

2）防止河水、雨水倒灌至污水管，防止污水倒流至雨水管；

3）截流量可控；

4）无人值守。

2 可配置液位计、流量计、水质分析仪、硫化氢监测仪、雨量计、自控系统等，实现智能化控制。

3.1.2 雨水管道截流井设计前，应核实下游污水收集与处理系统的接纳能力，不具备接纳能力时，应设置调蓄或就地处理设施。

3.1.3 雨水管道截流井的前一个检查井宜设沉泥槽，沉泥槽深度宜为1.0 m；采用水泵提升截流时，应设置格栅。

3.1.4 雨水管道截流井的选址，应便于截流井的运行维护，宜避免或减少对现有建（构）筑物和地下管线的影响；沿河设置的截流井宜设置在沿河绿化带或防汛通道内；若受用地限制必须设置在河口线内时，不得影响防洪安全。

3.1.5 雨水管道截流井和现有建（构）筑物及地下管线的最小水平净距应符合现行国家标准《城市工程管线综合规划规范》GB 50289的有关规定；难以满足时，应根据实际情况采取安全技术措施。

3.1.6 雨水管道截流井应按现行国家标准《工业建筑防腐蚀设计

标准》GB/T 50046 的有关规定采取防腐蚀措施。

3.1.7 雨水管道截流井主要用于旱天混接污水截流，雨天应视下游污水输送和处理能力，采取限流措施。

3.1.8 雨水管道截流井不得影响设计流量时的雨水排泄通畅。

3.1.9 为防止雨水管道截流井的检修盖板在缺失或损坏时发生人员坠落事故，宜设置防坠落设施。

3.2 调查工作

3.2.1 雨水管道截流井设计前，应开展调查工作。调查工作应包括下列内容：

1 资料收集。

2 现场调查。

3 截流井处测量与管道检测。

4 混接污水流量测定。

3.2.2 区域范围内的资料收集宜包括下列内容：

1 规划资料，包括用地规划、排水规划、防洪排涝规划等。

2 现有排水系统资料，包括：

1）已有的雨污混接调查资料；

2）排水设施的设计参数和资产管理信息。

3 其他资料收集，包括：

1）区域范围内的地质、地下水、水文等资料；

2）1∶500 或 1∶1 000 比例尺的地形图；

3）附近地下管线物探资料。

3.2.3 现场调查工作宜包括下列内容：

1 排水户截流井的现场调查，包括：

1）调查截流点处雨、污水管道的设计参数；

2）调查截流点处雨、污水管道的混接情况；

3）调查排水户内部雨、污混接情况。

2　排水口截流井的现场调查，包括：

1）调查排水口的设计参数；

2）调查排放水体最低水位和最高水位，排水口底标高与水体标高的关系；

3）排水口处有闸门或拍门时，调查闸门或拍门的设计参数。

3　污水接纳能力现场调查，包括调查接纳混接污水的污水管道、污水泵站和污水处理厂是否有污水接纳能力。

3.2.4　截流井处测量和管道检测工作应符合下列规定：

1　测量工作应包括：控制测量、管道测量、地形测绘和测量成果整理；测量作业应符合现行国家标准《工程测量规范》GB 50026 和现行行业标准《城市测量规范》CJJ/T 8 的有关规定。

2　排水管道检测工作应包括：管道走向、管径、埋深；可采用人工调查、潜望镜（QV）检测、有线电视（CCTV）检测和声呐检测等方式；排水管道检测作业应符合现行行业标准《城镇排水管道检测与评估技术规程》CJJ 181 的有关规定。

3.2.5　宜选择旱天开展混接污水的流量测定工作，并应符合下列规定：

1　测定方法可采用容器法、浮标法或速度-面积流量计法。

2　有条件时，宜采用容器法。采用容器法时，宜按下式计算：

$$Q_{dc}=\frac{1}{n}\sum_{i=1}^{n}\frac{V_i}{\Delta t_i}\times 3.6 \tag{3.2.5-1}$$

式中：Q_{dc} ——旱天测定流量（m^3/h）；

n ——测定次数，宜测 3 天，每天测 3 次，早、中、晚各 1 次；

V_i ——第 i 次测定的容器内水的体积（L）；

Δt_i ——第 i 次测定的收集时间（s）。

3 测定非满管流管道的流量可采用浮标法，并应符合下列规定：

1） 应选择断面无变化、水面无跌落的连续直线段进行测定，管道直线段长度宜大于 10 m；

2） 浮标法所使用器材宜包括浮标、皮尺和秒表；浮标流动的起止点距离宜采用皮尺测量，读数宜精确到厘米（cm）；浮标流动的时间宜采用秒表计时。

3） 测量次数宜取 9 次，并宜按下式计算：

$$Q_{dc} = \frac{1}{n}\sum_{i=1}^{n} A \times L_i / \Delta t_i \times 3\,600 \qquad (3.2.5\text{-}2)$$

式中：Q_{dc} ——旱天测定流量（m^3/h）；

n ——测定次数，宜测 3 天，每天测 3 次，早、中、晚各 1 次；

A ——水流有效断面面积（m^2）；

L_i ——第 i 次测定浮标流动的起止点距离（m）；

Δt_i ——第 i 次测定浮标流动时间（s）。

4 测定满管流管道、非满管流管道或排水口的流量可采用速度-面积流量计法，作业前应校准仪器，作业时应避免探头被淤积物或漂浮物覆盖。

3.3 工艺设计

Ⅰ 主要设计参数

3.3.1 截流井的设计流量确定，应符合下列规定：

1 应在混接污水测定流量的基础上，按下式计算：

$$Q_j = \beta \times Q_{dc} \qquad (3.3.1)$$

式中：Q_j ——截流井设计流量（m^3/h）；

β ——系数，按本规程第 3.3.3 条的规定取值；

Q_{dc} ——旱天测定流量(m^3/h),按本规程第 3.2.5 条的规定测定。

2 截流井的最小设计流量 Q_{dc} 宜为 10.0 m^3/h,重力截流管的最小管径宜为 $DN200$,压力截流管的最小管径宜为 $DN100$。

3.3.2 无法测定混接污水流量时,截流井的设计流量可按下式估算:

$$Q_j = \beta \times Q_{dr} \times \eta \tag{3.3.2}$$

式中:Q_j ——截流井设计流量(m^3/h);

β ——系数,按本规程第 3.3.3 条的规定取值;

Q_{dr} ——服务范围的设计平均日旱天污水量(m^3/h);

η ——服务范围内污水混接率,宜取 20%~50%;服务范围内污水混接严重时,宜取上限;反之,可取下限。

3.3.3 系数 β 可按表 3.3.3 的规定取值。

表 3.3.3 系数 β 取值

平均日流量(m^3/h)	≤20.0	50.0	100.0	150.0	≥250.0
系数 β	2.7	2.4	2.2	2.1	2.0

注:当平均日流量为中间数值时,系数 β 可采用内插法求得。

3.3.4 提升式截流井配套潜污泵的设计参数和水泵选用应符合下列规定:

1 应采用抗堵塞性能良好的潜污泵,水泵规格宜相同,配置数量宜为 2 台~3 台,含备用泵 1 台。单台潜污泵的流量 q_b 应按下式计算:

$$q_b = \frac{Q_j}{n} \tag{3.3.4-1}$$

式中:q_b ——单台潜污泵设计流量(m^3/h);

Q_j ——截流井设计流量(m^3/h);

n ——工作泵台数,宜为 1 台~2 台。

2 潜污泵的设计扬程应按下式计算，并应按现行上海市地方标准《城镇排水泵站设计标准》DGJ 08—22 的有关规定校核设计最高扬程和最低扬程。

$$H = H_1 - H_2 + H_3 + H_4 \tag{3.3.4-2}$$

式中：H ——潜污泵的设计扬程(m)；

H_1 ——截流管重力流时的设计水位或压力流时的设计水头(m)；

H_2 ——雨水管管内底标高(m)；

H_3 ——管路系统水头损失(m)；

H_4 ——安全水头(m)，宜取 0.5 m～1.0 m。

3 复核潜污泵的 Q-H 特性曲线，水泵扬程和流量应满足设计文件要求，工作点应位于水泵高效工作区。

3.3.5 截流井集水池的设计应符合下列规定：

1 有效容积应满足潜污泵每小时启停 6 次～12 次的要求，并应按下式计算：

$$V_{\mathrm{Eff}} = \frac{q_{\mathrm{p}}}{4Z_{\max}} \tag{3.3.5}$$

式中：V_{Eff} ——集水池有效容积(m^3)；

q_{p} ——单台潜污泵设计流量(m^3/h)；

$Z_{\max}$ ——每小时最大启停次数，宜取 6 次/h～12 次/h。

2 集水池最低水位应满足配套潜污泵所需最小淹没深度的要求。

3 集水池的设计最高水位宜取截流井设计流量时的雨水管充满度水位。

Ⅱ 构造与选型

3.3.6 截流井的主体结构宜采用预制玻璃钢(GRP)、不锈钢、HDPE、现浇钢筋混凝土等，不宜采用砌体；主体结构的材料强度应满足本规程第 3.4.3 条的要求；截流井的内部管道和安装附件应采用不锈钢、玻璃钢、PE 等耐腐蚀材料。

3.3.7 截流井的布置，应根据用地情况等条件确定，并应符合下列规定：

1 用地允许时，宜采用与雨水管道串联形式(图 3.3.7-1)；井筒直径、适用雨水管直径、适用截流量宜按表 3.3.7-1 的规定选型。

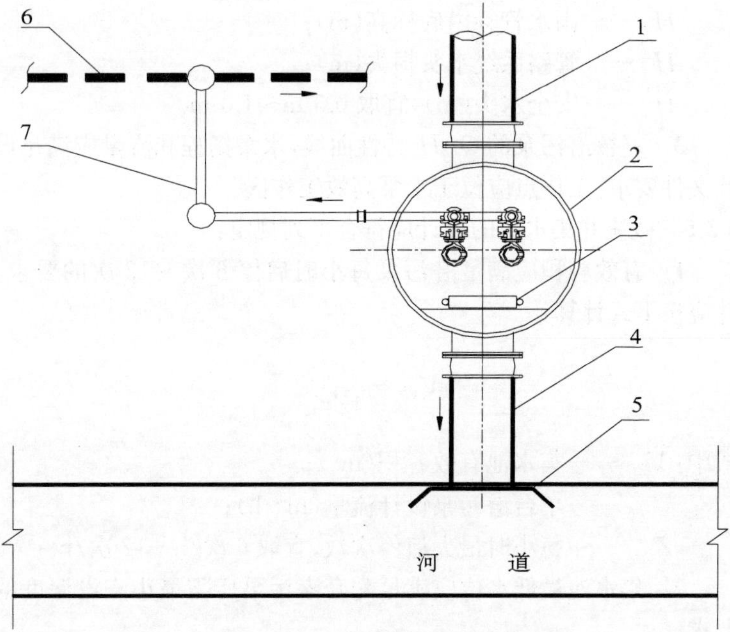

1—进水管；2—截流井；3—防倒灌闸门；4—排放管；
5—排水口；6—污水管；7—截流管

图 3.3.7-1 串联形式截流井布置示意图

表 3.3.7-1　串联形式截流井选型

串联形式截流井型号	适用雨水管直径 DN(mm)	适用截流量 Q_j(m^3/h)	井筒直径 Φ(mm)
CL-1	$DN \leqslant 600$	$Q_j \leqslant 60$	Φ1 500～Φ2 000
CL-2	DN 700，DN 800	$Q_j \leqslant 150$	Φ2 000～Φ2 500
CL-3	$800 < DN \leqslant 1\,200$	$Q_j \leqslant 300$	Φ2 500～Φ3 000
CL-4	DN 1 350，DN 1 500	$Q_j \leqslant 700$	Φ3 000～Φ3 500
CL-5	DN 1 650，DN 1 800	$Q_j \leqslant 1\,400$	Φ3 500～Φ3 800
CL-6	DN 2 000	$Q_j \leqslant 2\,200$	Φ3 800～Φ4 200
CL-7	DN 2 200	$Q_j \leqslant 2\,400$	Φ4 200

2　用地不允许时，可采用与雨水管道并联形式（图 3.3.7-2）；井筒直径、适用截流量宜按表 3.3.7-2 的规定选型。

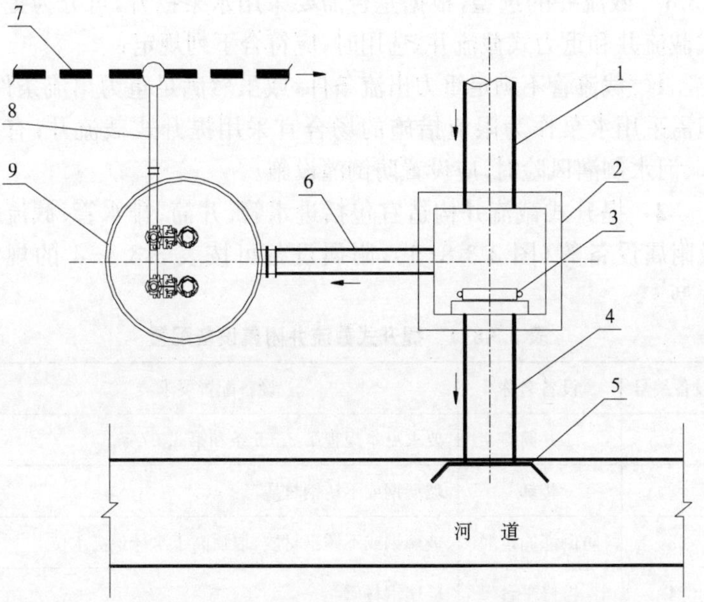

1—进水管；2—分流井；3—防倒灌闸门；4—排放管；5—排水口；
6—截流管一；7—污水管；8—截流管二；9—截流井

图 3.3.7-2　并联形式截流井布置示意图

表 3.3.7-2　并联形式截流井选型

并联形式截流井型号	适用截流量 Q_j(m³/h)	截流井井筒直径 Φ(mm)
BL-1	$Q_j \leqslant 30$	Φ1 200～Φ2 000
BL-2	$30 < Q_j \leqslant 60$	Φ1 500～Φ2 000
BL-3	$60 < Q_j \leqslant 150$	Φ2 000～Φ2 500
BL-4	$150 < Q_j \leqslant 300$	Φ2 500～Φ3 000
BL-5	$300 < Q_j \leqslant 700$	Φ3 000～Φ3 500
BL-6	$700 < Q_j \leqslant 1\,400$	Φ3 500～Φ3 800
BL-7	$1\,400 < Q_j \leqslant 2\,200$	Φ3 800～Φ4 200
BL-8	$2\,200 < Q_j \leqslant 2\,400$	Φ4 200

3.3.8　截流井的选型，根据是否需要采用水泵提升，可分为提升式截流井和重力式截流井，选用时，应符合下列规定：

1　截流管不满足重力出流条件，或虽然满足重力出流条件，但需采用水泵作为限流措施的场合宜采用提升式截流井；有雨水、河水倒灌风险时，应设置防倒灌设施。

2　提升式截流井构造宜包括进水管、井筒、排水管、截流管及附属设备等（图 3.3.8-1），附属设备可按表 3.3.8-1 的规定选型。

表 3.3.8-1　提升式截流井附属设备配置

设备编号	设备名称	设备配置要求
1	井筒	要求见本规程第 3.3.6 条和第 3.3.7 条
2	爬梯	玻璃钢或不锈钢材质
3	防倒灌固定堰	玻璃钢或不锈钢材质，堰顶高于水体最高水位
4	检修平台	玻璃钢材质
5	雨水排水管	玻璃钢材质或不锈钢材质，图 3.3.8-1 中所示为串联形式截流井，并联形式截流井无

续表 3.3.8-1

设备编号	设备名称	设备配置要求
6	橡胶伸缩节	橡胶体，配镀锌法兰或不锈钢法兰，或与排放管配套采用承插式柔性接口
7	防倒灌闸门	不锈钢材质，零渗漏，上开或下开刀闸阀、下开堰、闸门、可调堰、旋转堰、弹簧堰等
8	潜污泵	流量计算见本规程第 3.3.1～第 3.3.3 条，扬程计算见本规程第 3.3.4 条
9	液位计	静压式液位传感器或超声波液位计，用于液位检测，控制潜污泵
10	水泵耦合底座	与潜污泵配套
11	橡胶伸缩节	橡胶体，配镀锌法兰或不锈钢法兰，或与进水管配套采用承插式柔性接口
12	雨水进水管	玻璃钢材质或不锈钢材质，图 3.3.8-1 中所示为串联形式截流井，并联形式截流井为截流管进水
13	浮球开关	具有高低液位报警功能
14	格栅	不锈钢材质，可采用提篮式格栅、回转格栅
15	提升泵出水管	不锈钢材质，流速不宜大于 2.50 m/s
16	止回阀	
17	闸阀	
18	截流管	流速宜为 0.7 m/s～2.0 m/s
19	视频监控系统	按需要选配，要求见本规程第 3.5 节
20	控制柜	壳体不锈钢材质，要求见本规程第 3.5 节
21	液压动力站	为防倒灌闸门、限流阀提供动力，要求见本规程第 3.3.13 条
22	通风管	不锈钢材质，直径不宜小于 100 mm
23	检修顶盖	玻璃钢或不锈钢材质，需设置防盗装置
24	雨量计	
25	围栏	塑钢或木材材质

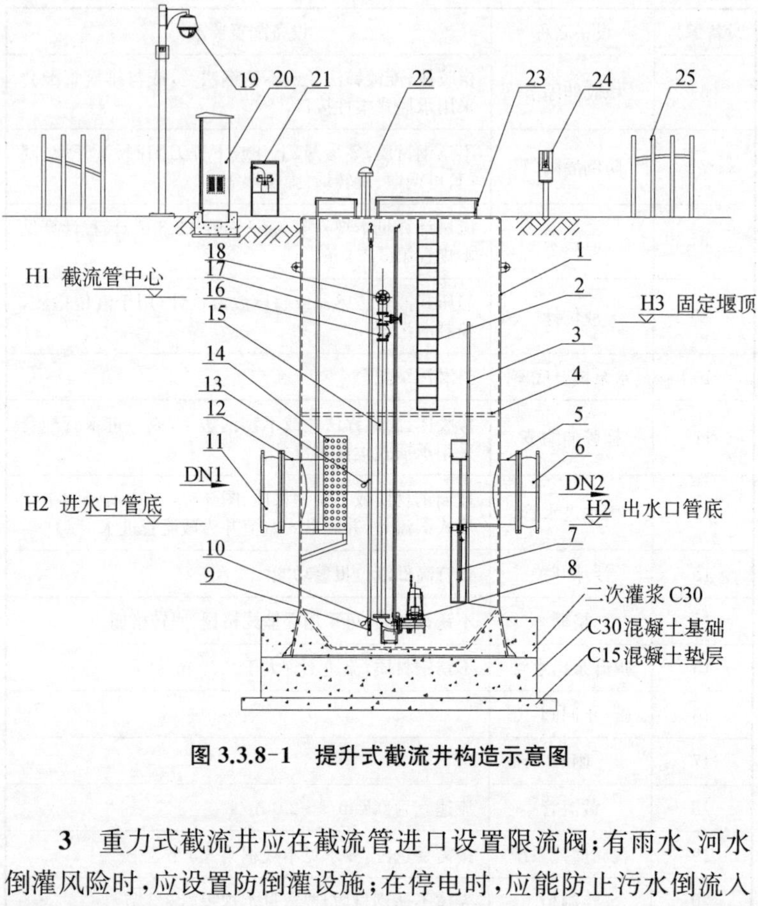

图 3.3.8-1　提升式截流井构造示意图

3　重力式截流井应在截流管进口设置限流阀;有雨水、河水倒灌风险时,应设置防倒灌设施;在停电时,应能防止污水倒流入水体或雨水管。

4　重力式截流井构造宜包括进水管、井筒、排水管、截流管及附属设备等(图 3.3.8-2),附属设备可按表 3.3.8-2 的规定选型。

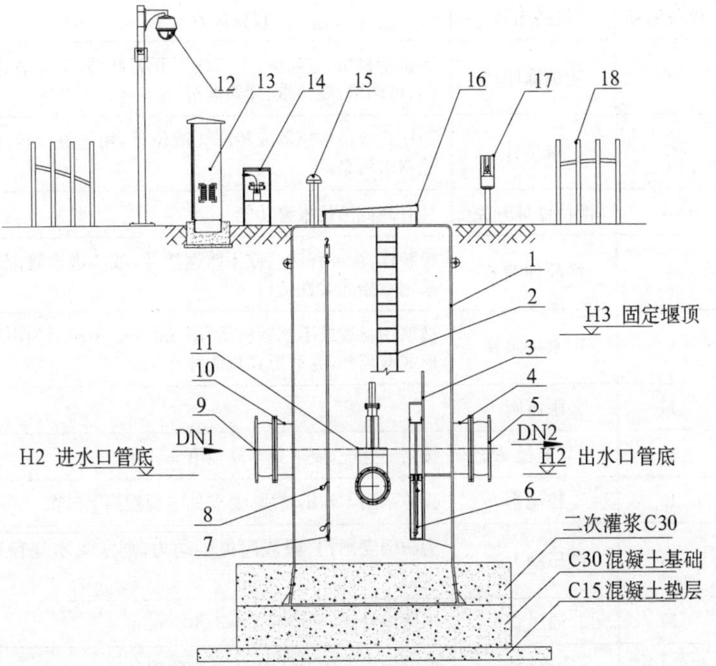

图 3.3.8-2 重力式截流井构造示意图

表 3.3.8-2 重力式截流井附属设备选型

设备编号	设备名称	设备配置要求
1	井筒	要求见本规程第 3.3.6 条和第 3.3.7 条
2	爬梯	玻璃钢或不锈钢材质
3	防倒灌固定堰	玻璃钢或不锈钢材质，堰顶高于水体最高水位
4	雨水排放管	玻璃钢材质或不锈钢材质，图 3.3.8-2 中所示为串联形式截流井，并联形式截流井无
5	橡胶伸缩节	橡胶体，配镀锌法兰或不锈钢法兰，或与排放管配套采用承插式柔性接口

续表 3.3.8-2

设备编号	设备名称	设备配置要求
6	防倒灌闸门	不锈钢材质，零渗漏，上开或下开刀闸阀、下开堰、闸门、可调堰、旋转堰、弹簧堰等
7	液位计	静压式液位传感器或超声波液位计，用于液位检测，控制潜污泵
8	液位浮球开关	具有高低液位报警功能
9	橡胶伸缩节	橡胶体，配镀锌法兰或不锈钢法兰，或与进水管配套采用承插式柔性接口
10	雨水进水管	玻璃钢材质或不锈钢材质，图 3.3.8-2 中所示为串联形式截流井，并联形式截流井无
11	限流阀	
12	视频监控系统	按需要选配，要求见本规程第 3.5 节
13	控制柜	壳体采用不锈钢材质，要求见本规程第 3.5 节
14	液压动力站	为防倒灌闸门、限流阀提供动力，要求见本规程第 3.3.13 条
15	通风管	不锈钢材质，直径不宜小于 100 mm
16	检修顶盖	玻璃钢或不锈钢材质，需设置防盗装置
17	雨量计	
18	围栏	塑钢或木材材质

3.3.9 在设计截流量较小，截流管为重力自由出流，且无下游污水、雨水或河水倒灌风险的场合，可采用堰式截流井、槽式截流井或堰槽结合式截流井，其功能应到达本规程第 3.1.1 条第 1 款基本功能要求，其余应符合现行国家标准《室外排水设计规范》GB 50014 的有关规定。

3.3.10 截流井的管路系统设计应符合现行国家标准《室外排水设计规范》GB 50014 的有关规定，并应符合下列规定：

1 截流井的管道与外部管道连接时，宜采用橡胶伸缩节或承插式接口等柔性接口；橡胶伸缩节的覆土大于 0.7 m 时，宜采取防止变形的保护措施。

2 重力式截流井的截流管最小管径宜为 DN200，进口前应设限流设施。

3 提升式截流井的压力管最小管径宜为 DN100，设计流速宜为 0.7 m/s～2.0 m/s。

3.3.11 提升式截流井的格栅宜采用提篮式格栅或回转式格栅，串联形式截流井不宜采用粉碎式格栅；格栅选型应符合现行上海市地方标准《城镇排水泵站设计标准》DGJ 08—22 的有关规定。

3.3.12 提升式截流井配套的潜污泵应符合下列规定：

1 潜污泵在设计负荷范围内应无振动和气蚀现象。

2 潜污泵的旋转部件、电机应进行动、静平衡试验。

3 潜污泵的运转噪声不应高于 80 dB(A)。

4 潜水电机绝缘等级不应低于 F 级，防护等级应采用 IP68，宜配套冷却系统。

3.3.13 截流井的液压动力站应采用分体式液压站，由液压油箱模块、电机泵模块和多个液压阀组模块组合为一体；液压动力站通过管路连接限流阀和防倒灌闸门；液压动力站应为户外式，防护等级应为 IP54 及以上。

3.4 结构设计

3.4.1 截流井主体结构的安全等级和设计使用年限应符合现行国家标准《工程结构可靠性设计统一标准》GB 50153 和《城镇给水排水技术规范》GB 50788 的有关规定。结构设计使用年限不应低于 50 年，安全等级不应低于二级。

3.4.2 截流井主体结构上的作用可分为永久作用、可变作用和偶然作用三类。作用的计算应符合现行国家标准《建筑结构荷载规范》GB 50009 和《给水排水工程构筑物结构设计规范》GB 50069 的有关规定。

3.4.3 截流井应按承载能力极限状态和正常使用极限状态进行设计，并应符合下列规定：

1 现浇钢筋混凝土截流井：

1）承载力能力极限状态设计：应包括对顶盖、侧壁及底板等构件的承载力（包括压曲失稳）计算、结构整体失稳（滑移及倾覆、上浮）验算；

2）正常使用极限状态设计：应包括对需要控制变形的结构构件的变形验算，使用上要求不出现裂缝的抗裂度验算，使用上需要限制裂缝宽度的验算。

2 预制玻璃钢（GRP）、不锈钢和 HDPE 截流井：

1）承载力能力极限状态设计：应包括对构件或连接的强度破坏、脆性断裂，因过度变形而不适用于继续承载，结构或构件丧失稳定，结构转变为机动体系和结构倾覆；

2）正常使用极限状态设计：应包括影响结构、构件、非结构构件正常使用或外观的变形验算，影响正常使用的振动，影响正常使用或耐久性能的局部损坏。

3.4.4 结构内力分析，应按弹性体系计算，不考虑由非弹性变形所引起的塑性内力重分布；筒体的结构内力宜采用有限单元法进行分析。

3.4.5 截流井的抗震设计应符合现行国家标准《室外给水排水和燃气热力工程抗震设计规范》GB 50032 的规定。

3.4.6 截流井应进行抗浮稳定验算，抗浮方式宜采用自重抗浮，当开挖范围受限时，也可采用抗拔锚杆、抗拔桩等抗浮方式。当采用自重抗浮时，应按下式计算：

$$W > K_s F \quad (3.4.6)$$

式中：W ——截流井主体结构、底板以上回填土和底板总重量（N）；

K_s ——设计稳定性抗力系数，取 1.05；

F ——截流井总浮力。

3.4.7 截流井的地基计算(承载力、变形、稳定),应符合现行国家标准《建筑地基基础设计规范》GB 50007 的有关规定。

3.4.8 截流井的主要材料应符合以下规定:

1 截流井的底板宜采用钢筋混凝土结构,混凝土强度等级不低于 C25,钢筋强度等级可为 HPB300 或 HRB400。

2 截流井的侧壁和顶盖采用钢筋混凝土结构时,混凝土强度等级宜不低于 C30,抗渗等级宜不低于 P6,钢筋强度等级可为 HPB300 或 HRB400,其余应符合现行国家标准《给水排水构筑物工程结构设计规范》GB 50069 的有关规定。

3 截流井的侧壁和顶盖采用预制玻璃钢(GRP)、不锈钢或 HDPE 时,整体设计应通过流体动力学分析和强度有限元分析计算,出厂前,应进行 100%防渗漏试验,确保无泄漏。

3.4.9 一体化预制截流井的底板应采用钢筋混凝土结构,并应符合下列规定:

1 底板尺寸应满足抗浮、地基承载力和结构强度要求。

2 底板应预埋地脚螺栓和锚固钢筋,用于设备底座固定和二次填充浇注;地脚螺栓和锚固钢筋应按设备要求布置。

3 底板的地脚螺栓应与设备之间可靠连接,地脚螺栓的数量及锚固长度应通过计算确定。

4 底板的混凝土强度等级不应低于 C30,钢筋直径不应小于 10 mm。

3.4.10 当地基土和地下水具有腐蚀性时,截流井的防腐蚀设计应符合现行国家标准《工业建筑防腐蚀设计标准》GB/T 50046 的有关规定。

3.5 电气与自控设计

Ⅰ 电气设计

3.5.1 电气设备的供电回路宜采用三相四线制和 PE 线,供电电压宜为AC 380 V。宜在供电电源出线处安装电源相序保护装置，宜在截流井电气设备总配电箱进线处设置第一级浪涌保护装置。

3.5.2 电气设备的低压接地保护制式宜采用TN-S制，电气设备外露可导电部分均应可靠接地，接地电阻不宜大于4 Ω。

3.5.3 户外设备配电的出线回路处应安装带剩余电流保护装置的断路器。

3.5.4 截流井的潜污泵电机应校核电机启动压降，并应根据校核结果采用软启、变频或其他降压启动措施启动。

3.5.5 截流井的电气主接线、主电动机及主要电气设备选择、机组启动、室外电缆敷设继电保护及安装自动装置、自动控制和信号系统、测量表计装置、通信等应符合现行国家标准《泵站设计规范》GB 50265的有关规定。

3.5.6 截流井的负荷等级及供电电源应符合现行国家标准《供配电系统设计规范》GB 50052的有关规定。

3.5.7 截流井所有金属外壳及金属构件均应做等电位连接，并应可靠接地。

Ⅱ 监测与控制设计

3.5.8 截流井的运行监测系统应符合下列规定：

1 常规监测项目宜包括：

1） 截流井液位和高、低液位报警；

2） 采用回转式格栅时，回转式格栅的运行状态和故障报警；

3） 防倒灌闸门启闭状态和故障报警；

4） 重力式截流井的限流阀启闭状态、开度显示和故障报警；

5） 提升式截流井的潜污泵运行状态和故障报警；

6） 液压动力站工作状态和故障报警；

7） 其他设备的工作状态和故障报警。

2 智能化控制截流井监测项目宜包括：

1）采用降雨量作为限流阀控制参数时，宜接入服务范围内雨量站点数据，可自行设置雨量计，雨量计应具备数据传输功能；

2）可设置视频监控系统，实时监控截流井现场图像；

3）可按运行管理需要设置水质分析仪。

3.5.9 截流井的运行控制应包括下列设备：

1 回转式格栅（采用回转式格栅时）。

2 防倒灌闸门。

3 限流阀（采用重力式截流时）。

4 潜污泵（采用提升式截流时）。

5 液压动力站。

6 其他与运行控制有关的设备。

3.5.10 截流井的控制系统的功能应符合下列要求：

1 应具备自动巡检、故障诊断，高、低液位报警、设备故障报警和自动保护等功能。

2 可实现潜污泵自动轮换、故障切换功能。

3 可实现设备远程启停。

3.5.11 控制设备的显示参数应包括电流、电压、液位、设备运行和故障等。

3.5.12 截流井的控制柜应符合下列规定：

1 应采用户外型，柜体应为双门结构，材质宜采用 S304 系列不锈钢。

2 电缆安装方式宜采用下进下出，防护等级应为 IP54 及以上。

3 元器件应采用工业级设备，应具备防尘、防潮、防霉的能力，并应符合相应的电磁兼容性要求。

4 控制柜操作面板上应设置手动/自动切换开关，并应在控制系统发生故障时可由操作人员现场启停设备。

3.5.13 截流井可配置智慧云远程监控运维平台，设计应符合现行国家标准《信息安全技术物联网感知终端应用安全技术要求》GB/T 36951、《物联网标识体系》GB/T 37032 和《物联网系统接口要求》GB/T 35319 的有关规定，智慧云远程监控运维平台宜具备下列功能：

1 截流井安装位置定位功能。

2 截流井运行工况监测和远程控制功能。

3 访问权限设置、历史数据查询、报表输出功能。

4 创建报警短信、报修工单、维修计划功能，并可定时提醒。

5 可与其他管理平台数据对接。

4 施工与安装

4.1 一般规定

4.1.1 施工前，施工单位应熟悉施工图纸，了解设计意图和要求，组织技术人员进行现场踏勘，核查地质资料，调查施工范围内各类综合管线、建(构)筑物及其他公共设施的情况，掌握工程实施的基础条件。

4.1.2 施工前，施工单位应编制施工组织设计，对关键的分项、分部工程应分别编制专项施工方案。施工组织设计、施工方案编制与审批管理应符合现行国家标准《市政工程施工组织设计规范》GB/T 50903 以及行业、上海市标准的有关规定。

4.1.3 施工过程中，施工单位必须遵守国家和上海市有关环境保护的法律、法规，采取有效措施控制施工现场的各种粉尘、废气、废弃物以及噪声、振动等对环境造成的污染和危害，并将上述管理措施纳入 HSE 管理体系之中，实现文明施工。

4.1.4 重要设备的安装及调试应在设备制造商的指导下进行。

4.2 土建施工

4.2.1 截流井的施工方案、施工过程和质量验收应符合现行国家、行业及上海市相关标准的规定。

4.2.2 截流井工艺管道及其他附属工程施工时，应符合下列规定：

1 管道的地基承载力应符合设计文件要求，如遇淤泥质土层或原状土承载力不符合设计文件要求时,应根据设计文件要求进行地基加固。

2 既有管道与截流井连接时,宜采用橡胶伸缩节或承插口等柔性接口。

3 压力管道穿混凝土井壁时,应设防水套管。

4.2.3 涉及设备安装的预留孔洞、地脚螺栓、预埋件及设备基础等应进行过程复核,应由土建施工单位、监理单位、设备安装单位及设备制造商等共同进行隐蔽工程验收。

4.3 设备安装

Ⅰ 一体化预制截流井设备安装

4.3.1 一体化预制截流井在运输、装卸和堆放时,应符合下列规定:

1 运输、装卸和堆放时,应轻吊、轻放,不得激烈碰撞。

2 运输时,应水平放置,并用捆绑器将井筒固定在木质的运输底座上。

3 一体化预制截流井在运输过程中,应避免颠簸,防止筒体、连接管产生变形。

4 应对沿途桥、涵等可能影响运输的构筑物进行详细调查,制定运输方案。

4.3.2 一体化预制截流井运输到施工现场后,应进行进场检查,进场检查应包括下列内容:

1 检查井筒、控制柜、通风管外观有无损坏。

2 检查内部设备、管路、配套设施等是否齐全,管道和设备的固定和紧固是否松动。

3 复核截流井的外形尺寸,进、出水管尺寸及位置是否符合设计文件要求。

4 检查安装附件和配件的数量和尺寸是否满足安装要求。

4.3.3 一体化预制截流井井筒的起吊，应符合下列规定：

1 应采用升降套索把井筒从水平位置起吊到垂直位置。

2 垂直起吊井筒时，应将重量均匀分配到全部吊耳上。

3 吊装时，井筒的接管方向应与管网的进出水方向一致。

4 起吊和安装时，不得对井筒、水泵、格栅等设备和电缆造成碰撞和损坏，同时应保证操作人员安全。

4.3.4 一体化预制截流井井筒的安装应按下列顺序进行：

1 应在混凝土基础达到设计强度后再进行井筒安装。

2 吊装井筒前，应采用毛刷将基础表面清洁干净。

3 采用起重吊钩吊起井筒，对准基础中心，缓慢放置在基础上。

4 检查井筒的接管方向与管网的进出水方向一致；筒体垂直、无变形和损伤；水泵、格栅等设备和电缆无损坏和松动。

5 采用地脚螺栓将基础与泵站筒体可靠连接。

6 采用混凝土二次填充底板。

7 连接工艺管线、电缆。

8 采用符合设计文件要求的回填材料回填沟槽。

Ⅱ 现浇截流井设备安装

4.3.5 截流井设备安装前，应具备下列条件：

1 应编制施工安装方案，并应进行技术交底。

2 土建工程应已具备安装条件，混凝土强度应达到设计文件要求；设备基础和预埋件应符合设计文件要求。

3 应根据设备情况预留运输通道，并保持畅通。

4 与设备安装相关的设备布置图、安装图、基础图、总装配图、主要部件图、设备安装说明书等技术资料应齐全。

4.3.6 截流井的潜污泵安装应符合现行国家标准《风机、压缩机、泵安装工程施工及验收规范》GB 50275 的有关规定，并应符合下列规定：

1　安装前，应对水泵基础及其预留孔洞、预埋地脚螺栓的位置、尺寸、强度等进行复核。

2　二次灌浆的灌浆材料应符合设计文件要求，强度达到设计强度75%后，方可进行螺栓拧紧。

3　水泵不得直接承受进出水管道的重量。

4　水泵在与管道连接时，应在自由状态下轴线对中连接，不得强行连接。

4.3.7　截流井的防倒灌堰门安装应符合现行行业标准《可调式堰门(孔口宽度300～5 000 mm)》CJ/T 3029和《水工金属结构制造安装质量检验通则》SL 582的有关规定。

4.3.8　截流井的闸门安装应符合现行行业标准《水工金属结构制造安装质量检验通则》SL 582和《泵站施工规范》SL 234的有关规定。

4.3.9　截流井的阀门安装应符合现行国家标准《工业金属管道工程施工规范》GB 50235的有关规定。

Ⅲ　电气与仪表设备安装

4.3.10　截流井的电气设备安装应符合现行国家标准《建筑电气工程施工质量验收规范》GB 50303的有关规定，并应符合下列规定：

1　成套配电柜、控制柜、配电箱应安装牢固，安全间距符合设计文件要求，负荷开关装置应灵活准确，接地可靠。

2　柜(箱)出(进)线口应进行防潮密封处理。

3　柜(箱)内接线固定牢靠，相位一致。

4　电缆的敷设排列应顺直、整齐，并宜少交叉，最小弯曲半径应符合技术文件的要求。

4.3.11　截流井的自动化仪表安装应符合现行国家标准《自动化仪表工程施工质量验收规范》GB 50093的有关规定，并应符合下列规定：

1　取源部件的安装位置、安装形式应符合随机技术文件的要求，取源部件应在设备制造或管道预制、安装的同时进行安装，并与设备或管道同时进行压力试验。

2　仪表(盘、柜)的安装应牢固、平正，不应承受非正常外力。

3　执行机构的机械传动应灵活，无松动、卡涩等现象，线圈和阀体间的绝缘电阻应符合技术文件的要求。

4　接地系统的接地电阻应符合设计文件的要求。

5　仪表线路应横平竖直、整齐美观、固定牢固、不宜交叉。

4.3.12　控制柜的安装应符合下列规定：

1　当控制柜安装在户外时，应安装在平整的地面上并不得被水淹没。

2　当控制柜安装在井筒内部时，不得被水淹没，并通风散热。

3　控制柜安装的位置，不应妨碍设备的日常维护与操作，并应与水泵电缆的长度相协调。

4　控制柜应垂直安装在稳固的底座上，并应保证电缆进线处的密封。

5　截流井电缆出线口应注意密封，腐蚀气体不得对控制柜内部电气元件造成腐蚀及对运行维护人员造成人身伤害。

6　控制柜安装时，应考虑日照因素，设置遮阳措施。

5 调试与验收

5.1 调 试

5.1.1 截流井调试前的准备工作，应满足下列要求：

1 应编制调试方案。

2 检查管内、井内杂物已清除干净，施工堵头已拆除。

3 水泵、管道、闸门、阀门、电气、仪表等设备安装符合设计文件要求。

4 已完成接电。

5.1.2 截流井的调试工作，应符合下列规定：

1 在无水状态下，点动潜污泵，检查泵的运转方向是否与指示方向一致。

2 在有水状态下，开启潜污泵，检查潜污泵的运行电流是否在额定范围内。

3 检查潜污泵是否有异常噪声与震动。

4 检查潜污泵的出水压力是否正常。

5 调整控制液位，以保证潜污泵在设计的启停液位区间运行。

6 检查下游污水管道水位是否正常。

7 检查雨量计信号输出是否正常。

8 检查在控制柜自动状态下潜污泵及闸门是否正常工作。

9 测试闸门开闭是否正常，各连接部位是否有泄漏现象。

10 调试液压系统，检查是否正常运行。

11 检查监测仪表和自动控制是否正常工作。

5.1.3 调试过程中，应做好调试相关记录，对出现的问题和缺陷应进行整改。

5.1.4 调试完成后，应形成调试报告。

5.2 验　收

5.2.1 截流井的质量验收，应符合下列规定：

1 截流井的混凝土、设备及管道验收应符合现行国家标准《混凝土结构工程施工质量验收规范》GB 50204、《城市污水处理厂工程质量验收规范》GB 50334、《机械设备安装工程施工及验收通用规范》GB 50231、《给水排水管道工程施工及验收规范》GB 50268 和上海市地方标准《城镇排水工程施工质量验收规范》DG/TJ 08—2110 的有关规定。

2 电气设备和仪表设备验收应符合现行国家标准《建筑电气工程施工质量验收规范》GB 50303 和《自动化仪表工程施工质量验收规范》GB 50093 的有关规定。

3 截流井外观和尺寸应符合设计文件要求。

4 潜污泵、闸门、液压系统等设备运行功能正常。

5 电缆、接线、仪表、雨量计、液位计、控制柜等设备运行功能正常。

5.2.2 竣工验收时，应提供竣工验收资料。竣工验收资料应包括下列内容：

1 竣工验收申请报告。

2 施工图、设计说明书、设计变更文件和竣工图。

3 设备资料清单、设备合格证和说明书、标牌清单。

4 设备（电力驱动）驱动部件说明书、标牌清单，设备及保护系统接线图。

5 电气图（原理图、接线图、端子图、材料表）。

6 电气主要设备合格证、说明书、接线图（如变频器、软启动等)，电气设备标牌清单。

7 钢筋、混凝土等主要材料的合格证和质量保证书或试验记录。

8 施工过程质量检查记录。

9 质量评定资料，包括施工自评、监理评估、验收记录。

10 有关检测和测绘资料。

11 分项、分部、单位工程质量验收评定记录。

12 工程整体验收记录。

5.2.3 工程项目竣工验收合格后，建设单位应组织竣工备案，并按建设行政主管部门管理要求，将有关设计、施工及验收文件和技术资料立卷归档。

6 运行管理

6.0.1 截流井的管理单位应制定相应的岗位操作手册、设备维护保养手册、运行方案和应急预案，截流井的运行管理应包括巡视检查、养护维修、运行调度等相关内容。

6.0.2 截流井的运行管理应符合现行国家标准《泵站技术管理规程》GB/T 30948 及现行行业标准《城镇排水管渠与泵站运行、维护及安全技术规程》CJJ 68、《城镇排水管道维护安全技术规程》CJJ 6 的有关规定，应遵循"经常养护、及时维修、养重于修、修重于抢"的工作原则。

6.0.3 截流井应定期巡视检查，外部巡视不应少于一周 1 次，内部检查不应少于一年 2 次；遇有特殊情况或恶劣天气时，应增加巡视检查频次。巡视检查的内容应符合下列规定：

1 控制系统的监测仪表显示应正常；如有报警，应查明原因并及时处理。

2 控制柜内元器件和线路无老化或破损现象，螺丝无松动，电源和电缆的连接安全可靠，外观良好；检查控制柜内保险丝、继电器和其他可更换元件正常。

3 潜污泵的电流、电压正常，运行噪声及振动值正常，出水流量和出水压力值正常。

4 闸门、阀门开启应正常，密封有效。

5 液位和液位检测仪表正常。

6 液压泵运行正常，油路接口无泄漏，定期检查液压箱油位。

7 截流井内垃圾情况，定期清理集水井内和闸门门框的垃圾。

8 采用提篮式格栅时，定期观察并清理提升提篮内的垃圾。

6.0.4 截流井应制定年度养护检修计划和大修计划，并应符合下列要求：

1 养护护栏、检修盖板和视频系统。如发现损坏，应进行修补或更换。

2 养护截流井主体结构。包括地坪土层是否下陷或倾斜，主体结构是否下陷或倾斜，进、出水管是否泄漏。如发现损坏，应进行修复。

3 养护截流井内部设备。包括排空、清洁截流井内沉积物，检查井筒和内部管道和阀门、闸门等是否有渗漏和裂缝，如有渗漏和裂缝，应及时修补；检查安装附件是否松动、锈蚀，应及时紧固、除锈或更换；根据液位控制系统的检查情况，更换浮球、静压式液位传感器等设备。

4 主要设备的检修和保养要求应根据制造商的技术要求和现场磨损情况进行，水泵宜每运行 2 000 h～3 000 h 或每隔 12 个月更换润滑油，并宜根据耗损情况更换 O 形圈和机械密封等易损件。

5 闸门、阀门、启闭机等附属设备的检修和保养要求应根据制造商的技术要求和现场磨损情况进行。

6 液压系统的检修和保养应符合以下规定：油量宜每隔 12 个月更换液压油、油管密封垫。检查液压系统压力及保压情况，5 min 内液压系统压力下降不宜超过 10%。

7 检测仪表的检修和保养应符合以下规定：携带型仪表宜每半年校验 1 次，现场安装仪表宜每年校验 1 次。下井作业时，宜在下井前再次校验 H_2S 等检测仪表，确保下井人员安全。

8 主要设备大修应符合以下规定：应根据设备运转时间和工作状况，定期进行设备大修，大修期可为 3 年～5 年，潜污泵和回转式格栅大修时，应进行全面解体，吊出电动机转子，并应对其轴承、机械密封、叶轮等部件进行检修或更换。

6.0.5 截流井宜按照无人值守、自动控制的方式运行，运行调度应符合下列规定：

1 应编制截流井运行调度方案，运行调度方案宜包含旱天、雨天和应急三种运行模式；宜将截流井的运行调度纳入区域排水系统统一调度。

2 截流井的运行调度宜结合防汛排涝、污水系统运行、溢流污染控制和水环境保护等方面的要求，合理制定程序控制的逻辑关系和各种设备启闭的优先级别，实现精细化调度。

本规程用词说明

1 为便于在执行本标准条文时区别对待，对要求严格程度不同的用词说明如下：

1）表示很严格，非这样做不可的用词：

正面词采用“必须”；反面词采用“严禁”。

2）表示严格，在正常情况下均应这样做的用词：

正面词采用“应”；反面词采用“不应”或“不得”。

3）表示允许稍有选择，在条件许可时首先应这样做的用词：

正面词采用“宜”；反面词采用“不宜”。

4）表示有选择，在一定条件下可以这样做的用词，采用“可”。

2 条文中指定应按其他有关标准执行的写法为：“应符合……的规定”或“应按……执行”。

引用标准名录

GB 50007	建筑地基基础设计规范
GB 50009	建筑结构荷载规范
GB 50014	室外排水设计规范
GB 50016	建筑设计防火规范
GB 50026	工程测量规范
GB 50032	室外给水排水和燃气热力工程抗震设计规范
GB 50052	供配电系统设计规范
GB 50069	给水排水工程构筑物结构设计规范
GB 50093	自动化仪表工程施工质量验收规范
GB 50141	给水排水构筑物工程施工及验收规范
GB 50153	工程结构可靠性设计统一标准
GB 50202	建筑地基基础工程施工质量验收规范
GB 50203	砌体结构工程施工质量验收规范
GB 50204	混凝土结构工程施工质量验收规范
GB 50231	机械设备安装工程施工及验收通用规范
GB 50235	工业金属管道工程施工规范
GB 50265	泵站设计规范
GB 50268	给水排水管道工程施工及验收规范
GB 50275	风机、压缩机、泵安装工程施工及验收规范
GB 50300	建筑工程施工质量验收统一标准
GB 50303	建筑电气工程施工质量验收规范
GB 50318	城市排水工程规划规范
GB 50330	建筑边坡工程技术规范
GB 50334	城镇污水处理厂工程质量验收规范

GB 50497	建筑基坑工程监测技术规范
GB 50788	城镇给水排水技术规范
GB 51221	城镇污水处理厂工程施工规范
GB 51222	城镇内涝防治技术规范
GB/T 30948	泵站技术管理规程
GB/T 35319	物联网系统接口要求
GBT 36951	信息安全技术　物联网感知终端应用安全技术要求
GB/T 37032	物联网标识体系
GB/T 50046	工业建筑防腐蚀设计标准
GB/T 50903	市政工程施工组织设计规范
CJJ 6	城镇排水管道维护安全技术规程
CJJ/T 8	城市测量规范
CJJ 68	城镇排水管渠与泵站运行、维护及安全技术规程
CJJ 181	城镇排水管道检测与评估技术规程
CJ/T 3029	可调式堰门(孔口宽度 300～5000 mm)
JGJ 79	建筑地基处理技术规范
JGJ 106	建筑桩基检测技术规范
JGJ 120	建筑基坑支护技术规程
SL 582	水工金属结构制造安装质量检验通则
DGJ 08—22	城镇排水泵站设计标准
DG/TJ 08—2110	城镇排水工程施工质量验收规范
DG/TJ 08—2222	城镇排水管道设计规程

上海市地方标准化指导性技术文件

上海市雨水管道截流井技术规程

DB31 SW/Z 008—2021

条 文 说 明

2021　上海

目　次

1 总 则

1.0.1 规定制定本规程的宗旨和目的。

由于分流制地区雨污混接问题的存在，严重影响了水环境改善。2015 年，上海市启动雨污混接调查改造工作。在改造工作中，如老旧小区、城中村、城乡结合部等部分地区，暂时不具备大面积开展雨污混接分流改造的条件，当周边污水收集管网与下游污水处理厂有接纳混接污水的能力时，采取过渡性措施，在小区雨水出户管处或雨水管道排水口处建设截流井，将混接至雨水管的污水截流输送至污水管道，纳入污水处理系统处理后排放，以减少对水环境影响。

本规程旨在规范雨水管道截流井的设置条件、设计和建设标准、调试和运行管理要求等，使雨水管道截流井的设置做到安全适用、运行有效、经济合理和管理方便。

据调查，上海市在推进住宅小区雨污混接分流改造工程时建设了约 570 座排水户截流井，在中小河道治理工程推进中也大量采用了排水口截流井，如闵行区在治理中小河道时建设了排水口截流井 200 余座。雨水管道截流井已在工程中得到应用，并取得了一定的工程效益和环境效益，虽然雨水管道截流井已在工程中得到应用，并取得了一定的工程效益和环境效益，各截流井厂家基于自身技术水平及应用经验，编制了一些企业标准，但缺少国家、行业及地方标准，这也导致了行业内对截流井的设计流量确定、构造型式、主要功能、检测仪表配置等方面认识不一致，要求多样化，实际应用中雨水截流井存在一些技术问题急需解决，主要是截流井功能不完善，或截流量超过下游污水系统的输送处理能力。因此，急需编制专门的技术规程，作为本市已建雨水管道截流井开展技术评估的依据，用于指导雨水截流井的新建和改造工程的建设和运行管理。

1.0.2 规定本规程的适用范围。

雨水管道截流井有两种常用地点：一是排水户截流井，用于分流制排水系统的排水户的雨水出户管道混接污水的截流；二是排水口截流井，用于自排雨水系统排水口混接污水的截流。

1.0.3 规定雨水管道截流井的设置原则。

1.0.4 关于雨水管道截流井还应执行现行有关标准的规定。

有关标准和规范有《城市排水工程规划规范》GB 50318、《室外排水设计规范》GB 50014、《城镇内涝防治技术规范》GB 51222、《给水排水构筑物工程施工及验收规范》GB 50141、《给水排水管道工程施工及验收规范》GB 50268、《城镇排水泵站设计标准》DGJ 08—22、《城镇排水管道设计规程》DG/TJ 08—2222 等，详见本规程“引用标准名录”。

3 设 计

3.1 一般规定

3.1.1 规定雨水管道截流井应具有的功能。

1 雨水管道截流井的基本功能：

1）旱天污水截流和雨天雨水排放功能：旱天时需保证混接污水应截尽截，避免污水溢流河道；雨天时需关闭截流阀，避免对污水系统造成冲击流量，并避免设置截流井后影响雨水排泄通畅。

2）防止倒灌功能：截流井需防止下游雨水、河水倒灌至污水管道，同时也要防止污水倒流至雨水管道及河道。本市河道常水位在 2.50 m～2.80 m 左右，设计洪水位在 4.00 m 左右，一般需在截流井设置防倒灌设施，防止河水通过排放口倒灌至截流井，然后截流至污水管。常用的防倒灌设施可以采用下开堰、闸门、可调堰、旋转堰、弹簧堰、拍门、鸭嘴阀等，选用时可以优先采用具有停电时能自动开启功能的液动闸门、阀门或堰门。设置防倒灌设施时，不能降低雨水管道的排水标准，需校核在设计流量时的雨水排泄是否通畅。

3）截污限流功能：截流井需采用限流阀或水泵（需要提升时）等设备对截污量进行限流控制。截流井采用重力式截流时，若没有设置限流阀，暴雨时随着截流井内水位上升，截流管输送流量超过污水处理厂处理能力，对污水处理厂造成冲击负荷。

4）无人值守功能：截流井一般按无人值守、自动控制的方式运行。

2 雨水管道截流井的附加功能：可根据工程需要，设置液位计、流量计、雨量计、水质分析仪等仪器采集信号，自动控制设备安全运行；可以配套智慧云远程监控运维平台，实现远程管理和数据采集；可以与监测系统相互结合使用，从远程位置对截流井设施进行管理，减少人工现场检查工作量，并且在发生警报或警告时，可以直接通知管理人员进行处理。

3.1.2 强调雨水管道截流井下游的污水收集系统与污水处理系统应有接纳截流污水的能力，是为了避免建设雨水管道截流井后，导致下游污水冒溢。若下游污水系统没有截流污水输送和处理能力时，需将截流污水调蓄或就地处理后排放，排放标准需满足上海市相关标准要求。

3.1.3 在雨水管道截流井的前一个检查井设置沉泥槽是为了避免沉积物沉积在截流井；设置格栅是为了防止水泵堵塞，常用格栅为提篮式格栅，垃圾量较大时可以采用回转式格栅，采用回转式格栅时需做好设备的密封和除臭设计。

3.1.4 部分项目因受用地限制，将雨水管道截流井设置在河口线内，造成运行维护不方便且渗漏严重，带来很多经验教训，故对设置在河口线内的截流井进行规定。

3.1.6 雨水管道截流井与污水及腐蚀性气体接触，需采取防腐蚀措施，以保证截流井的使用年限。

3.1.7 雨水管道截流井主要用于旱季混接污水截流，在雨天时，由于难以区分是雨水还是污水，特别是有多个排水口时，可能造成区域内截流污水流量叠加而造成污水冒溢，因此在雨水宜关闭截流功能。某些特殊情况下即使是雨天，若污水系统仍具有部分接纳能力时，可采取限流排放措施。

3.2 调查工作

3.2.1 关于截流井设计前开展调查工作的规定。

4 混接污水流量测定是确定截流井设计流量的前提。

3.2.3 关于截流井设计前开展现场调查工作的规定。

3 下游污水管道、污水泵站和污水处理厂具有污水接纳能力，是采用截流井将混接污水截流至污水管道的前提。若没有污水接纳能力，则需要开展排水管网雨污混接改造；若无开展排水管网雨污混接改造的条件，则需将截流的混接污水就地处理后排放。

3.2.4 关于截流井设计前开展测量和管道检测工作的规定。

3.2.5 关于截流井设计前开展混接污水流量测定工作的规定。

本规程强调应进行混接污水的流量测定工作，主要是为截流井的设计流量确定提供依据，避免截流量太大对污水厂造成冲击负荷，截流量太小造成排水口溢流。本规程提出的容器法、浮标法和速度-面积流量计法在实际工程中均有成熟应用。其中容器法简单、快速，适用于大多数场合优先采用。

在旱天测定混接污水量，是为了避免降雨径流对测定结果的影响。

3.3 工艺设计

Ⅰ 主要设计参数

3.3.1 规定截流井的设计流量计算公式。

2 规定截流井的最小设计流量和最小管径，避免规模太小，容易引起堵塞。

3.3.2 规定无法测定混接污水流量时的设计流量估算公式。

实际工程中，针对部分流量小且淹没出流的大型管渠，采用容器法、浮标法和速度-面积流量计法均难以测定混接污水流量，可以按服务范围内污水混接率估算截流井的设计流量。

3.3.3 规定系数β的取值。

本规程表3.3.3出自现行上海市地方标准《城镇排水管道设计规程》DG/TJ 08—2222—2016的表3.1.4，即本规程的系数β等同于《城镇排水管道设计规程》DG/TJ 08—2222—2016的综合生活污水量总变化系数，本规程公式(3.3.1)和公式(3.3.2)计算的设计流量为截流井最高时流量，无需再乘以总变化系数。

3.3.4 关于潜污泵的设计参数和水泵选用的规定。

3.3.5 规定集水池的设计要求。

Ⅱ 构造与选型

3.3.6 关于截流井的主体结构材质的规定。

截流井内一般需要安装闸门、堰门、水泵等设备，砌体结构不利于设备安装，故不推荐采用。若因工程进度等原因采用砌体结构时，在安装设备的部位可以采用混凝土结构加强。

截流井的主体结构采用预制玻璃钢(GRP)结构或不锈钢结构具有以下优点：

1) 耐腐蚀性强：玻璃钢(GRP)或不锈钢材质耐腐蚀、耐氧化，使用寿命长；

2) 施工周期短：设备整体工厂预制，现场只需开挖基坑、浇筑钢筋混凝土底板、连接管线，与现浇钢筋混凝土结构相比，缩短了现场钢筋绑扎、模板安装、混凝土浇筑及养护等时间和设备安装时间；

3) 占地面积小：工厂预制方式的设备集成度高，空间利用率大，节约用地；

4) 综合成本低：设备采用预制模块化生产，施工现场安装相对简单，节约人力成本及时间成本，降低项目的采购、施工和运行维护费用。

3.3.7 关于截流井布置形式的规定。

截流井一般根据与雨水管道的关系分为串联形式和并联形式，两种形式在工程应用中均有采用。

串联形式截流井适用于沿雨水管道有施工空间的情况。此时，井筒需连接雨水管，井筒直径的主要决定因素是需连接的雨水管直径，此种形式施工工作量相对较小，但井筒直径较大，一般在中小口径的雨水管上应用较多。

并联形式截流井适用于沿雨水管道没有施工空间，需在附近选址的情况。此时，井筒直径的主要决定因素是截流污水量，此种形式施工工作量相对较大，但井筒直径较小，一般在大口径的雨水管上或需要采用提升截流时应用较多。

3.3.8 关于截流井选型的规定。

常用截流井分为提升式和重力式，一般需根据下游污水管道标高来确定是采用提升式还是重力式。若下游污水管道的顶标高低于雨水管道的底标高，或污水管道的最高水位低于雨水管道的底标高，则可以采用重力式。也有污水管道标高满足采用重力式的条件，但需要利用水泵进行限流而采用提升式的情况。

本规程图 3.3.8-1 和图 3.3.8-2 所示的防倒灌设施由防倒灌固定堰和防倒灌闸门组成，实际工程中也可以采用其他的防倒灌措施。

重力式截流井在截流管进口设置限流阀，是为了减少雨天超量截流对污水处理厂的影响。常用的限流设施包括闸门、闸阀、限流阀、水力浮筒阀等。

本规程表 3.3.8-1 和表 3.3.8-2 规定了设备选型的一般要求；有特殊要求时，可以在设计文件和订货合同中注明。

3.3.9 关于堰式截流井、槽式截流井或堰槽结合式截流井的规定。

堰式截流井、槽式截流井或堰槽结合式截流井是现行国家标准《室外排水设计规范》GB 50014 中规定的三种截流井。

在上海，作为排水户的截流井应用较多，在选用时需分析是否有污水、雨水或河水倒灌的风险；若存在倒灌风险，需谨慎选用。在设置截流堰时还需校核是否影响设计流量时的雨水排泄通畅，即采用以上截流井时亦需具备以下功能：①限流功能，截流井水位升高时关闭截流管；②防止污水倒流；③防止雨水或河水倒灌入污水管。

堰式截流井构造如图 1 所示，图中示意为现浇钢筋混凝土井（余同）。

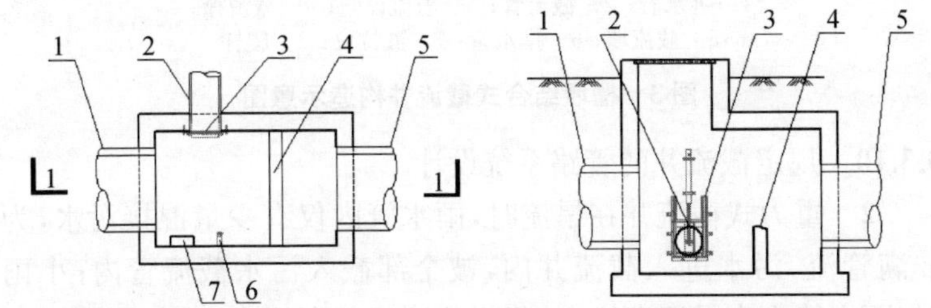

(a) 平面图　　(b) 1—1 剖面图

1—进水管；2—截流管；3—限流设施；4—截流堰；5—排水管；6—液位仪；7—爬梯

图 1　堰式截流井构造示意图

槽式截流井构造如图 2 所示。

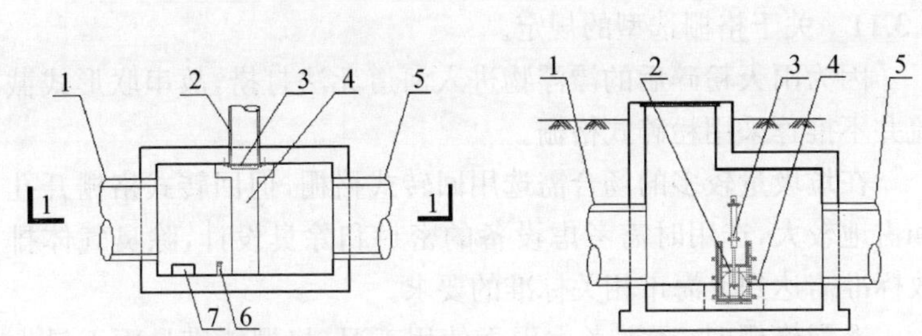

(a) 平面图　　(b) 1—1 剖面图

1—进水管；2—截流管；3—限流设施；4—截流槽；5—排水管；6—液位仪；7—爬梯

图 2　槽式截流井构造示意图

堰槽结合式截流井构造如图3所示。

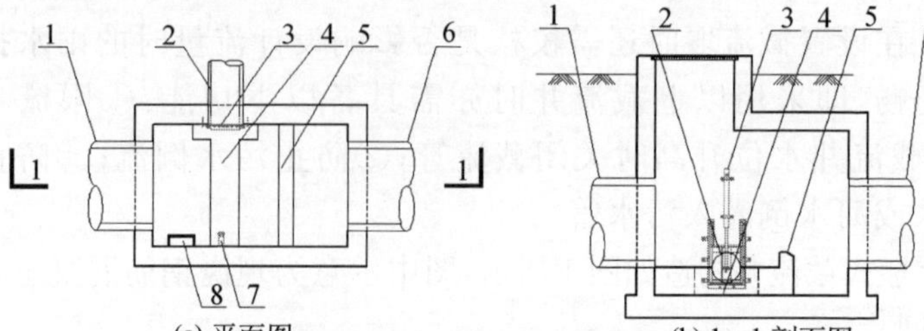

1—进水管；2—截流管；3—限流设施；4—截流槽；
5—截流堰；6—排水管；7—液位仪；8—爬梯

图3　槽堰结合式截流井构造示意图

3.3.10　规定截流井的管路系统设计。

2　重力式截流井在旱流时，雨水管内仅有少量混接污水，为非满管流，污水进入截流井内，被全部截入污水截流管内；小雨时，雨水管内水量逐渐增大，截流井液位逐渐增高，这部分合流污水也可截流入截污管；随着雨水量的增加，截流井内水位上升至截流管管顶，此时可以关闭限流阀或潜污泵，避免形成新的雨污混接点，避免对下游污水设施造成冲击，同时打开防倒灌闸门，雨水经排放管排入水体。

3.3.11　关于格栅选型的规定。

因为雨天粉碎后的漂浮物进入河道无法打捞，故串联形式截流井不推荐采用粉碎式格栅。

在垃圾量较多的场合需选用回转式格栅，但回转式格栅开孔和占地较大，选用时需考虑设备的密封和除臭设计，除臭气体排放标准需达到上海市相关标准的要求。

选配格栅时，还需考虑雨天使用工况，格栅能满足雨天最大过流量要求，具有雨水溢流功能。

3.4 结构设计

3.4.1 根据现行国家标准《城镇给水排水技术规范》GB 50788 规定，城镇给水排水设施中主要构筑物的主体结构和地下干管管道的结构设计使用年限不低于50年。本规程依据 GB 50788 的规定，确定截流井的结构设计使用年限不低于50年。

3.4.3 承载能力极限状态是指主体结构因材料强度被超过而破坏，井筒截面丧失稳定的状态；正常使用极限状态是指井筒的变形超过规定限值的状态；截流井主体结构必须承受永久作用和可变作用而不被破坏，必要时应考虑偶然作用荷载。

3.4.4 规定了对截流井进行内力分析时的要求。

主要是根据给水排水工程构筑物的正常运行特点，从抗渗、耐久性的要求，不允许结构内力达到塑性重分布状态，故明确按处于弹性阶段的弹性体系进行结构分析；筒体结构简单且有开洞，易于采用有限元分析，且计算结果直观，便于采用。

3.4.5 截流井的抗震设防类别可以按一般设防类考虑。

3.4.6 关于截流井应进行抗浮稳定验算的规定。

①截流井多用于工期要求较紧的工程，加之整体尺寸相对较小，自重抗浮一般可满足抗浮稳定的要求；②由于截流井一般设置于河道附近，在缺乏地下水水位资料时，为保证截流井的抗浮安全，抗浮水位可取至与地面平；③截流井内设备重量、土的侧壁摩擦力一般作为安全余量，不计入抵抗力。

3.5 电气与自控设计

Ⅱ 监测与控制设计

3.5.8 雨水管道截流井一般为临时性设施，设置水质分析仪表的工程案例较少。据调查，有设置 COD 仪和以浊度仪作为截流井运行控制参数的工程案例。

3.5.10 关于截流井的控制系统的功能的规定。

2 水泵应根据设定条件轮换运行，均衡每台泵的运行时间。截流井内各泵互相备用，避免单泵故障造成截流井停机。

3.5.13 关于截流井可配置智慧云远程监控运维平台的规定。

智慧云远程监控运维平台属于选配功能，可根据工程实际需要选用。

4 施工与安装

4.1 一般规定

4.1.1 关于施工单位前期准备工作的规定。

本条强调施工单位在施工准备中要根据建设单位提供的设计图纸、地质勘察报告、物探资料等对施工现场及周边环境进行调查，以便掌握地下管线、建(构)筑物及其他公用设施的真实情况，从而在施工中减少对周边环境的影响。

4.2 土建施工

4.2.1 关于施工方案和施工过程需执行相关标准的规定。

截流井土建施工在现行相关标准中均有所规定，本规程不一一赘述。需遵循的地基处置规范有《建筑地基基础工程施工质量验收规范》GB 50202、《建筑地基处理技术规范》JGJ 79、《建筑桩基检测技术规范》JGJ 106、《建筑边坡工程技术规范》GB 50330、《建筑基坑工程监测技术规范》GB 50497、《建筑基坑支护技术规程》JGJ 120 等；需遵循的建筑施工规范有《砌体结构工程施工质量验收规范》GB 50203、《建筑工程施工质量验收统一标准》GB 50300 等；需遵循的结构施工规范有《混凝土结构工程施工质量验收规范》GB 50204、《给水排水构筑物工程施工及验收规范》GB 50141 等；需遵循的给水排水施工规范有《给水排水管道工程施工及验收规范》GB 50268、《城镇污水处理厂工程施工规范》GB 51221、《城镇污水处理厂工程质量验收规范》GB 50334 等。

4.3 设备安装

Ⅱ 现浇截流井设备安装

4.3.6 关于潜污泵安装的规定。

1 本条文属于安装前的土建交接检验工作。

3 水泵直接承受进出水管道的重量将使得水泵基础承受载荷超过额定载荷,造成运行事故,因此进出水管道需由独立支吊架支承。

4 水泵在与管道连接时,未在自由自由状态下轴线对中连接,将使得水泵承受额外应力,影响水泵的安全运行。

Ⅲ 电气与仪表设备安装

4.3.10 关于电气设备安装的规定。

1 本规定要求成套配电柜、控制柜、配电箱与墙体或周围构筑物保持安全距离,一方面是便于维护检修,另一方面是安全运行的需要。

2 室外安装的落地式配电(控制)柜、箱由于其底部不是全封闭的,要注意积水的入侵。设计图应明确其基础的高度及周围排水通道的设置;底座周围还应采取封闭措施,防止小动物进入。

3 成套配电柜、控制柜、配电箱的内部接线一般由制造商完成,本条文是对柜(箱)间的二次回路连线以及自制配电箱的配线要求。

4 电缆弯曲度超过最小弯曲半径,会造成电缆绝缘层及线芯损坏。

4.3.11 关于自动化仪表设备安装的规定。

1 取源部件在设备制造或管道预制、安装的同时进行安装,并与设备或管道同时进行压力试验,这样使得取源部件的安装质量符合设备或管道的施工过程质量控制的要求,有利于保证取源部件的安装质量。

3 本条文是为了避免发生返工，规定了安装前对执行机构进行检查的内容。

6 运行管理

6.0.1 关于截流井管理单位应制定相关制度的规定。

除需制定相关制度外，还需根据实际情况和要求，定期对规章制度、操作手册及事故应急预案进行更新。